essentials

essentials liefern aktuelles Wissen in konzentrierter Form. Die Essenz dessen, worauf es als „State-of-the-Art" in der gegenwärtigen Fachdiskussion oder in der Praxis ankommt. *essentials* informieren schnell, unkompliziert und verständlich

- als Einführung in ein aktuelles Thema aus Ihrem Fachgebiet
- als Einstieg in ein für Sie noch unbekanntes Themenfeld
- als Einblick, um zum Thema mitreden zu können

Die Bücher in elektronischer und gedruckter Form bringen das Expertenwissen von Springer-Fachautoren kompakt zur Darstellung. Sie sind besonders für die Nutzung als eBook auf Tablet-PCs, eBook-Readern und Smartphones geeignet. *essentials:* Wissensbausteine aus den Wirtschafts, Sozial- und Geisteswissenschaften, aus Technik und Naturwissenschaften sowie aus Medizin, Psychologie und Gesundheitsberufen. Von renommierten Autoren aller Springer-Verlagsmarken.

Weitere Bände in der Reihe http://www.springer.com/series/13088

Lars Schnieder

Automatisierung im schienengebundenen Nahverkehr

Funktionen und Nutzen von Communication-Based Train Control (CBTC)

Lars Schnieder
ESE Engineering und Software-
Entwicklung GmbH
Braunschweig, Deutschland

ISSN 2197-6708   ISSN 2197-6716   (electronic)
essentials
ISBN 978-3-658-25535-0   ISBN 978-3-658-25536-7   (eBook)
https://doi.org/10.1007/978-3-658-25536-7

Was Sie in diesem *essential* finden können

- Begriffsdefinitionen automatischer Zugbeeinflussungssysteme (Communications-Based Train Control, CBTC)
- Grundlegende Sicherungsfunktionen automatischer Zugbeeinflussungssysteme
- Definition der Automatisierungsgrade automatischer Zugbeeinflussungssysteme
- Betriebsarten und Betriebsartenübergänge automatischer Zugbeeinflussungssysteme
- Leistungskriterien automatischer Zugbeeinflussungssysteme

Vorwort

Jeden Tag nutzen Millionen Menschen den öffentlichen Personennahverkehr. Ohne leistungsfähige Schienenverkehrssysteme stünden die Metropolen dieser Welt jeden Tag vor dem Verkehrsinfarkt. Allerdings stößt die vorhandene Infrastruktur vielerorts an die Grenzen ihrer Kapazität. Der Schlüssel zu einer Steigerung der Leistungsfähigkeit städtischer Schienenverkehrssysteme liegt in der Automatisierung. In den letzten Jahrzehnten haben international immer mehr Städte in leistungsfähige Schienenverkehrssysteme investiert. In Deutschland wurde lange Zeit nicht in die U- und Stadtbahnsysteme reinvestiert. Die technologische Basis in den Städten ist daher oftmals veraltet und hat an manchen Orten die Grenzen ihrer technischen Lebensdauer bereits überschritten. In einigen Städten werden die Verkehrsunternehmen daher in den nächsten Jahren ihre Infrastruktur erneuern. Es sind also auch in Deutschland umfassende Investitionen in die Erneuerung der signaltechnischen Infrastruktur von U- und Stadtbahnsystemen zu erwarten. Dieses *essential* stellt daher die gültigen normativen Grundlagen hochautomatisierter Stadtbahnsysteme dar. Die Darstellung in diesem *essential* basiert auf meinen Erfahrungen in der Beratung von Verkehrsunternehmen sowie meiner praktischen Tätigkeit in der Abnahmebegutachtung von Zugsicherungsanlagen internationaler U- und Stadtbahnen.

Dr.-Ing. Lars Schnieder

Inhaltsverzeichnis

Motivation und Hintergrund

1

Immer mehr Menschen ziehen in die Städte. Gleichzeitig nimmt die Verkehrsnachfrage stetig zu. Dort, wo noch keine leistungsfähigen öffentlichen Verkehrssysteme vorhanden sind, müssen diese gebaut werden. Dort, wo bestehende öffentliche Verkehrssysteme an die Grenzen ihrer Leistungsfähigkeit stoßen, müssen durch umfassende technische und betriebliche Maßnahmen Kapazitätssteigerungen erzielt werden. In diesem Abschnitt wird zunächst die weltweit zu beobachtende Entwicklung urbaner Mobilität beschrieben. Die hieraus resultierenden Herausforderungen können durch die Vorteile automatisierter Verkehrssysteme adressiert werden, was ebenfalls in diesem einführenden Kapitel beschrieben wird.

In diesem Kapitel wird zunächst die Entwicklung der urbanen Mobilität aufgezeigt (vgl. Abschn. 1.1). Daraus wird die weltweit zu beobachtende Tendenz zum Einsatz zunehmend höher automatisierter Schienenverkehrssysteme motiviert, deren Vorteile in Abschn. 1.2 dargestellt werden.

1.1 Entwicklung urbaner Mobilität

Zum ersten Mal in der Menschheitsgeschichte lebt die Mehrheit der Weltbevölkerung in den Städten. Bis zur Mitte des Jahrhunderts werden voraussichtlich sogar mehr als zwei Drittel der Erdbewohner in urbanen Zentren leben. Dieser raumstrukturelle Veränderungsprozess wird auch als *Urbanisierung* bezeichnet. Um die Bedarfe des täglichen Lebens zu befriedigen (Wohnen, Versorgen, Arbeiten, usw.), müssen die Menschen mobil sein und sich in ihrer Stadt fortbewegen können. Den zunehmenden Mobilitätsbedarf dem motorisierten Individualverkehr zu überlassen, wäre verheerend. Nachhaltige Mobilitätskonzepte zu entwickeln, ist daher vor allem auch hinsichtlich des Ressourcen- und Klimaschutzes ein wichtiges Anliegen. Hierbei nimmt ein leistungsfähiger öffentlicher Personennahverkehr (ÖPNV) eine zentrale Rolle ein.

© Springer Fachmedien Wiesbaden GmbH, ein Teil von Springer Nature 2019
L. Schnieder, *Automatisierung im schienengebundenen Nahverkehr,* essentials,
https://doi.org/10.1007/978-3-658-25536-7_1

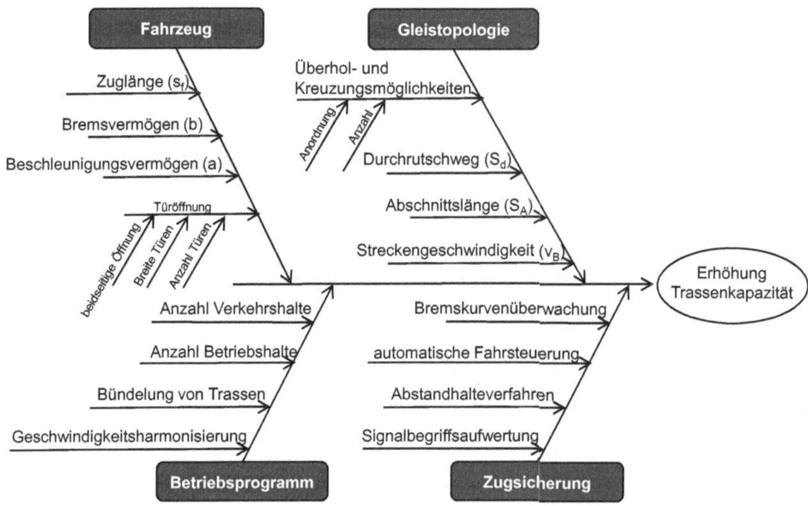

Abb. 1.1 Kapazitätserhöhung als ganzheitlicher Systemansatz. (Eigene Darstellung)

In den Industriestaaten kommt es parallel zu der zuvor beschriebenen Urbanisierung auch zu einer *Suburbanisierung* (englisch suburban – am Stadtrand). Suburbanisierung bezeichnet die Abwanderung städtischer Bevölkerung oder städtischer Funktionen (Industrie, Dienstleistungen) aus der Kernstadt in das städtische Umland. Diese Abwanderung führt allgemein zu einer Zunahme der Pendlerbewegungen und einer höheren Belastung der Verkehrsinfrastruktur insbesondere in den morgendlichen und abendlichen Hauptverkehrszeiten.

Urbanisierung und Suburbanisierung erfordern die Erhöhung der Leistungsfähigkeit städtischer Verkehrsinfrastrukturen. Dies erfordert bei bereits erreichten und möglicherweise bereits überschrittenen Kapazitätsgrenzen einen ganzheitlichen Ansatz der Systemgestaltung. Hierbei nehmen automatische Zugbeeinflussungssysteme in der Erschließung von Kapazitätsreserven eine zentrale Rolle ein (vgl. Ishikawa-Diagramm in Abb. 1.1).

1.2 Vorteile automatisierter Schienenverkehrssysteme

Betreiber von Stadtschnellbahnen verbinden mehrere Vorteile mit dem Einsatz automatisierter Zugbeeinflussungssysteme:

- *Kapazitätssteigerung:* Durch die kontinuierliche Überwachung der zulässigen Fahrweise können aktuell bei konventionellen Systemen bestehende Durchrutschwege verkürzt werden, weil das automatisierte Zugbeeinflussungssystem das Fahrzeug eine Zielbremsung auf den jeweiligen Gefahrpunkt (bspw. eine nicht gesicherte Weiche oder das Heck eines vorausfahrenden Zuges) überwacht. Hierdurch entfallen bei den Zugfolgezeiten Zeitanteile, bzw. steigt die Streckenleistungsfähigkeit entsprechend. Können Fahrzeuge einander im wandernden absoluten Bremswegabstand folgen, können Zugfolgezeiten weiter reduziert und die Leistungsfähigkeit von Strecken weiter erhöht werden. Die Fahrgäste profitieren von einem dichteren Takt und kürzeren Wartezeiten.
- *Flexibilisierung des Ressourceneinsatzes:* In der höchsten Ausbaustufe des fahrerlosen Betriebs (unmanned train operation, UTO) gelingt eine Entkoppelung des Fahrzeugeinsatzes von der Personalumlaufplanung. Fahrzeugeinheiten können somit der aktuellen Verkehrsnachfrage folgend flexibel ein- und ausgesetzt werden. Somit folgt die tatsächlich im Betrieb eingesetzte Kapazität (d. h. das Produkt aus Fahrzeugeinsatz pro Stunde und Gefäßgrößen) optimal der tatsächlichen Verkehrsnachfrage (vgl. Abb. 1.2). Es wird stets ausreichend Kapazität vorgehalten und es werden bei abnehmender Nachfrage unnötige Leerfahrten der Fahrzeuge vermieden (Rumsey 2010).

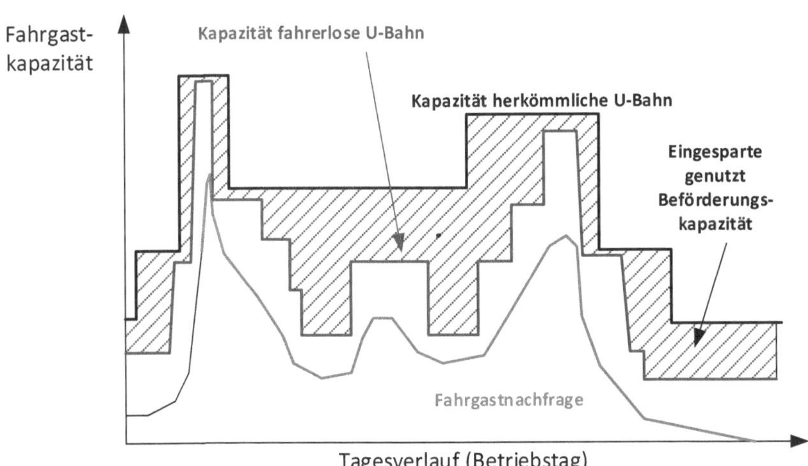

Abb. 1.2 Flexibilisierung des Ressourceneinsatzes durch automatische Bahnsysteme. (VDV 2010)

- *Wirtschaftlichkeit:* Grundsätzlich müssen bei der Beschaffung von Zugsicherungssystemen die Beschaffungskosten (Capital Expenditure, CAPEX) und die Betriebskosten (Operational Expenditure, OPEX) sorgfältig gegeneinander abgewogen werden. So können über die lange Betriebszeit der signaltechnischen Infrastruktur geringere Betriebskosten gegebenenfalls höhere Investitionskosten aufwiegen. Grundsätzliche Vorteile automatisierter Zugbeeinflussungssysteme liegen in einer deutlich geringen Zahl an Außenanlagenelementen, einer energiesparenden Fahrweise bis hin zum Entfall der Kosten für die Fahrer auf den Fahrzeugen bei vollständiger Automatisierung des Betriebs. Gleichzeitig können durch eine gegebenenfalls höhere Kapazität und eine durch gestiegene Attraktivität höhere Nachfrage zusätzliche Fahrgelderlöse erwirtschaftet werden.

Systemkomponenten und Umsysteme automatischer Zugbeeinflussungssysteme

Automatische Zugbeeinflussungssysteme werden bei den Verkehrsunternehmen bei Neuanlagen von Beginn an in eine zeitgleich aufgebaute Systemlandschaft integriert. Bei bestehenden Anlagen müssen automatische Zugbeeinflussungssysteme in die Landschaft bereits bestehender Steuerungssysteme integriert werden. Dieses Kapitel zeigt auf, wie automatische Zugbeeinflussungssysteme mit ihren Umsystemen in Beziehung stehen, das heißt welche Informationen sie von diesen empfangen und welche Informationen sie an diese ausgeben.

Automatische Zugbeeinflussungssysteme integrieren sich in die Systemlandschaft der Infrastruktur der Betreiber U-Bahnen und Stadtbahnen. In diesem Kapitel werden zunächst die Systemkomponenten automatischer Zugbeeinflussungssysteme erläutert (vgl. Abschn. 2.1). Anschließend werden die Schnittstellen zu den Umsystemen erläutert (vgl. Abschn. 2.2). Diese Abhängigkeiten müssen bei der Erstellung von Lastenheften für automatische Zugbeeinflussungssysteme mitberücksichtigt werden.

2.1 Systemkomponenten automatischer Zugbeeinflussungssysteme

Automatische Zugbeeinflussungssysteme bestehen aus verschiedenen Komponenten, die nachfolgend vorgestellt werden.

Zugseitige Ausrüstung
Ein Fahrzeugrechner ist das zentrale Element der Fahrzeugausrüstung (vgl. Abb. 2.1). Der Fahrzeugrechner bietet die Möglichkeit, den Zug in verschiedenen Automatisierungsgraden bis hin zum vollautomatischen Zugbetrieb zu betreiben.

© Springer Fachmedien Wiesbaden GmbH, ein Teil von Springer Nature 2019
L. Schnieder, *Automatisierung im schienengebundenen Nahverkehr,* essentials,
https://doi.org/10.1007/978-3-658-25536-7_2

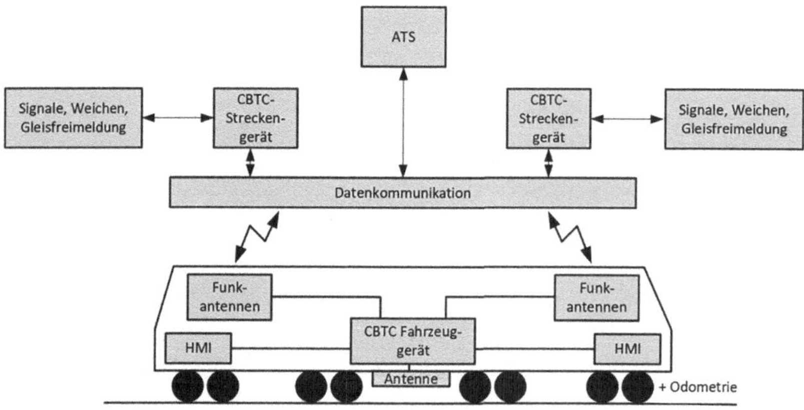

Abb. 2.1 CBTC Systemüberblick in Anlehnung an. (Brückner 2017)

Das Fahrzeuggerät enthält Streckendaten wie die relevanten Informationen wie Positionen der Transponder und Weichen, Haltepunkte, Gradienten und Streckengeschwindigkeiten. Dies vereinfacht die Kommunikation zwischen Fahrzeug und Strecke und gestattet die Funktionen der Überwachung der Geschwindigkeit sowie die Durchsetzung der von den Streckeneinrichtungen ermittelten Fahrerlaubnis.

Des Weiteren besteht die Fahrzeugeinrichtung aus den folgenden Komponenten:

- *Führerstandssignalisierung:* Der Fahrer erhält Anzeigen über die aktuell zulässige Fahrweise und den aktuell vom System unterstützen Automatisierungsgrad. Bei Entlassung aus der Automation muss der Fahrer die verantwortliche Übernahme der Überwachungsfunktionen quittieren. Durch die Führerstandsanzeige gelingt ein weit reichender Verzicht auf ortsfeste Signale entlang der Strecke.
- *Odometrie:* Die Fahrzeuge verfügen über mehrere gleichartige (*Redundanz*) und von ihren Wirkprinzipien her unterschiedliche (*Diversität*) Sensoren zur Weg- und Geschwindigkeitsmessung. Die Messwerte werden durch die zusätzliche Auswertung von Ortsmarken im Gleis liegender Transponder zu einer hochgenauen Ortung verknüpft.
- *Sende- und Empfangseinrichtungen* für die kontinuierliche Übertragung von Informationen vom und zum Zug: Hierüber empfängt das Fahrzeug Führungsgrößen von der Streckeneinrichtung und sendet an diese regelmäßige Positionsmeldungen.

Komponente zur Fahrwegüberwachung

Streckeneinrichtungen überwachen die Feldelemente in einem Stellbereich. Hierbei kann es sich um ein konventionelles Stellwerk handeln (Overlay-System) oder um ein vollintegriertes CBTC-System. Darüber hinaus werden die Züge im Stellbereich kontrolliert und durch eine kontinuierliche Kommunikation mit den zugseitigen CBTC-Komponenten überwacht. Basierend auf den Informationen berechnet und erteilt die Streckeneinrichtung für Züge in ihrem Stellbereich die jeweilige Fahrerlaubnis. Diese wird basierend auf Zugpositionen, Gefahrenpunkten und Restriktionen des Zugleitsystems zyklisch neu berechnet und auf die Fahrzeuge übertragen. Zudem wird die Übergabe von Zügen an eine benachbarte Streckeneinrichtung geregelt sowie Ein- und Ausfahrten in den oder aus dem CBTC-überwachten Bereich. Ebenso obliegt der Streckeneinrichtung die Behandlung von Zügen, die einen Kommunikationsverlust haben. Für einen solchen Fall eines Betriebs in der Rückfallebene verfügen CBTC-Systeme über eine reduzierte Gleisfreimeldung (beispielsweise realisiert durch Achszählsysteme).

Zugleitsystem

Die automatische Zugüberwachung (Automatic Train Supervision, ATS) übernimmt die vollständige Überwachung einer automatisierten Bahnlinie, wozu die Diagnostik der Streckeneinrichtungen, der Fahrzeuggeräte sowie des Kommunikationsnetzwerkes gehört. Disponenten haben mittels des ATS Eingriffsmöglichkeiten in den Zugbetrieb durch Anpassung beispielsweise von Haltezeiten, der Einrichtung temporärer Langsamfahrstellen oder des Entfalls von Stationshalten. Darüber hinaus können über die Komponente ATS auch Zustandsgrößen externer Systeme wie SCADA (Supervisory Control and Data Acquisition) oder Fahrgastinformationssysteme angezeigt werden oder diese Systeme bedient werden.

Datenkommunikationssystem

Das Datenkommunikationssystem hat die Aufgabe, eine sichere, bi-direktionale und verlässliche Kommunikation zwischen allen CBTC-Subsystemen bereitzustellen. Hierfür kommen mittlerweile WLAN-basierte Systeme (Wireless Local Area Network) oder Mobilfunksysteme (z. B. LTE, Long Term Evolution) zum Einsatz. Gegenüber konventioneller Linienleitertechnik (engl.: leaky feeder) haben Funklösungen den Vorteil, dass diese eine größere Bandbreite haben und einfacher am Gleis verlegt und gewartet werden können.

2.2　Umsysteme automatischer Zugbeeinflussungssysteme

CBTC-Systeme betten sich in einen Systemkontext ein. Dies ist in Abb. 2.2 dargestellt. Die einzelnen Umsysteme werden nachfolgend beschrieben.

Fahrgastinformation
Der Fahrgast steht im Zentrum der Bemühungen der Verkehrsunternehmen um einen Betrieb, der qualitätsgerecht ist. Automatische Zugbeeinflussungssysteme stellen Ortungsinformationen der Fahrzeuge mit einer höheren Genauigkeit als bestehende Systemlösungen zur Verfügung. Diese höhere Ortungsgenauigkeit kann für die Ausgabe von Echtzeit-Fahrgastinformationen genutzt werden. Außerdem profitiert die Fahrgastinformation vom hochverfügbaren bidirektionalen Kommunikationskanal, der auch für andere (nicht-sicherheitsrelevante) Anwendungen wie Videodaten, Ankündigungen von Wartungsarbeiten oder anderen Fahrgastinformationen des Betreibers verwendet werden kann (Rahn 2011). Dies erhöht die Attraktivität des Schienenverkehrssystems für die Fahrgäste.

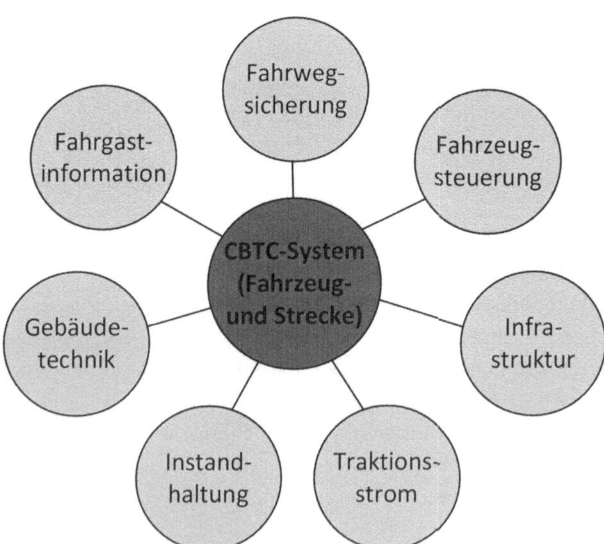

Abb. 2.2　Systemkontext von CBTC-Systemen. (IEC 62290)

Gebäudeautomation
Gerade in Stationsbereichen müssen verschiedene Zustandsinformationen verschiedener Umsysteme eingelesen werden. In Abhängigkeit der Zustände dieser Einrichtungen müssen möglicherweise sicherheitsgerichtete Reaktionen der automatischen Zugbeeinflussungssysteme angestoßen werden. Konkrete Beispiele hierfür umfassen:

- *Brandmeldeanlagen:* Ereignisse verschiedener Brandmelder werden ausgewertet. Bei erkannten kritischen Ereignissen wird diese Information an die Zugsicherungseinrichtung weitergegeben und eine sicherheitsgerichtete Reaktion ausgelöst. So wird beispielsweise eine Station im Brandfall nicht mehr angefahren.
- *Tunnelventilation:* Für den Fall eines vom Zugsicherungssystem erkannten Notfalls können die Tunnelventilationssysteme gesteuert werden, um eine Evakuierung von Fahrgästen zu unterstützen, in dem Rauch beispielsweise entgegen der Fluchtrichtung der Fahrgäste abgesogen wird.
- *Eindringungserkennung und Bahnsteigtüren:* Wenn sich kein Zug in der Station befindet, erkennt oder verhindert das System ein Eindringen von Fahrgästen in den Gleisbereich. Im Falle eines erkannten Eindringens (z. B. ein in den Gleisbereich fallenden Passagier) oder bei einem Ausfall technischer Einrichtungen, der zu einem Eindringen von Fahrgästen in den Gleisbereich führen kann (z. B. offene Bahnsteigtüren), wird die Einfahrt eines Zuges in diesen Gleisbereich durch das Signalsystem verhindert.
- *Nothalttaster:* Auf allen U-Bahnsteigen gibt es für jedes Gleis Nothaltgriffe auf dem Bahnsteig. Der Nothalt wirkt in der Regel immer nur für ein Gleis. Stürzt ein Fahrgast, kann der Nothalt von den Fahrgästen betätigt werden. Die Züge, die sich auf diesem Gleis dem Bahnsteig nähern, werden dadurch angehalten.

Bestehende Leit- und Sicherungstechnik
In U-Bahn- und Stadtbahnsystemen sind oftmals bereits leit- und sicherungstechnische Systeme in Einsatz. Diese müssen mit in die Systemgestaltung automatischer Zugbeeinflussungssysteme mit einbezogen werden. Beispielsweise kann auf ein bestehendes konventionelles Zugsicherungssystem (Fahren im festen Raumabstand) ein CBTC-System aufgesetzt werden (als Overlay). In dieser Variante werden die bestehenden Stellwerke mit ihrer Gleisfreimeldung und den von ihnen gesteuerten Weichen und Signalen weiter genutzt.

Zwischen den Stellwerken und dem automatischen Zugbeeinflussungssystem sind hierbei die folgenden Abhängigkeiten zu beachten:

- *Informationen vom Stellwerk an das CBTC-System:* Das vorhandene Stellwerk stellt die Informationen über Weichen, Signale und Gleisfreimeldeabschnitte dem CBTC-System bereit. Die Streckenzentrale des CBTC-Systems ermittelt für Züge auf der Basis dieser Informationen die entsprechende Fahrerlaubnis und überträgt diese an die Fahrzeuge. Um die Kapazitätseffekte des Fahrens im wandernden Raumabstand zu erreichen, muss die Sicherungslogik des vorhandenen Stellwerks allerdings tolerieren, dass sich mehrere Züge in einem Blockabschnitt befinden können (Brückner 2017).
- *Informationen vom CBTC-System an das Stellwerk:* Um zu verhindern, dass ein Zugführer sich widersprechende Signalisierung an der Strecke und in der Führerstandssignalisierung bekommt, kann die Kommandierung eines Signals auf einen speziellen Aspekt gewünscht sein (z. B. Dunkelschaltung). In anderen Situationen kann ein CBTC-System die Stellwerksinformationen ergänzen. Das CBTC-System hat beispielsweise die Möglichkeit, den Stillstand des Zuges festzustellen, und kann daraufhin das Stellwerk informieren. Ist ein Zug in seinem Zielabschnitt zum Halten gekommen, kann die Auflösung eines zugehörigen Durchrutschwegs bzw. von dessen Elementen verkürzt werden. Ebenso kann aufgrund der Zugposition die Freigabe von Elementen hinter dem Zug schneller erfolgen. Hat der Zug ein Element vollständig geräumt, ist eine frühere Freigabe gegenüber einer zugbewirkten Fahrstraßenauflösung basierend auf Gleisfreimeldeabschnitten möglich. Damit stehen diese Elemente frühzeitiger für die Nutzung in anderen Fahrstraßen zur Verfügung (Brückner 2017).

Gerade in Stadtbahnsystemen verkehren die Züge in wesentlichen Anteilen im Netzbereich im öffentlichen Straßenraum. Hierfür müssen auch Schnittstellen zur Verkehrstechnik des Straßenverkehrs (Lichtsignalanlagen und/oder Verkehrsrechner) vorgesehen werden. Durch eine gezielte Beeinflussung des Phasenablaufs der Lichtsignalanlagen in Kreuzungsbereichen wird eine möglichst reibungslose Fahrt der Fahrzeuge im Zu- oder Ablauf höher automatisierter Tunnelstrecken im Zentrumsbereich möglich (Krimmling 2017).

Fahrzeugsteuerung
Automatische Zugbeeinflussungssysteme weisen eine Schnittstelle zur Fahrzeugsteuerung auf. Es müssen für einen höher automatisierten Betrieb deutlich mehr Informationen als für die eigentliche Fahr- und Bremssteuerung erforderlich ausgewertet werden. Beispiele sind neben Informationen für die Türsteuerung auch zusätzliche Informationen wie die Hinderniserkennung (durch einen intelligenten

Bahnräumer), die Entgleisungserkennung, ein Einklemmschutz von Fahrgästen im Türbereich, die Betätigung von Schiebetritten zur Verringerung der Spaltbreite zwischen Bahnsteig und Fahrzeug sowie Hebel im Fahrzeuginnern zur Betätigung der Notöffnung von Türen im Notfall.

Ingenieurbauwerke und Gleisanlagen
Gerade in leistungsfähigen städtischen Schnellbahnsystemen befinden sich wesentliche Anteile der Strecken in Tunnelbereichen. Daher müssen durch die automatischen Zugbeeinflussungssysteme auch Informationen vorhandener Systeme zur Erkennung unberechtigter Zutritte zum Gleisbereich (Eindringungserkennung) vorhanden sein. Auch müssen beispielsweise Gefährdungen aus der externen Umwelt wie Überflutungen von Tunneln durch bewegliche Wehrtore unterbunden werden ohne Zugfahrten zu gefährden. Zulassungsbehörden können zusätzliche Anforderungen zur Erkennung von Schienenbrüchen stellen, bzw. sind – nicht nur im Brandfall – die Tunnel sicher zu be- und entlüften.

Traktionsstromversorgung
Im Betrieb bestehen Wechselwirkungen zwischen den Zugsicherungssystemen und der Traktionsstromversorgung. Zunächst einmal muss im Regelbetrieb sichergestellt werden, dass die Züge mit dem entsprechenden Traktionsstrom versorgt werden. Darüber hinaus muss verhindert werden, dass Züge in Bereiche ohne Traktionsstromversorgung oder mit einer für sie ungeeignete Traktionsstromversorgung einfahren können. Allerdings muss auch der Störungsbetrieb von Beginn an mit bedacht werden. So muss beispielsweise im Falle einer Störung mit anschließender Evakuierung der Fahrgäste sichergestellt werden, dass die Traktionsstromversorgung auch wirksam unterbrochen werden kann. Auf diese Weise wird ausgeschlossen, dass die Fahrgäste auf ihrem Weg zum nächsten Notausstieg mit Hochspannung führenden Teilen in Berührung kommen und sich schwer verletzen.

Instandhaltung
Der automatisierte Betrieb stellt wesentlich höhere Anforderungen an die Systemverfügbarkeit als der manuelle Betrieb. Ist eine Systemkomponente gestört, hat dies große Auswirkungen und der betriebliche Aufwand für einen Rückfallbetrieb ist hoch. Im Falle einer Störung ist schnelles und zielgerichtetes Handeln gefordert. Die gestörte Komponente muss schnell erkannt werden und es müssen zielgerichtet Maßnahmen zur Behebung ergriffen werden. Hierbei helfen unterstützende Service- und Diagnosesysteme, die schon vor einem Service-Einsatz Informationen über die Störungsursache und defekte Baugruppen geben. Diese Systeme stehen sowohl Leitstellen- als auch den Werkstattmitarbeitern zur Verfügung.

Hauptfunktionen automatischer Zugbeeinflussungssysteme

Ausgehend von den Anforderungen an die sichere Durchführung des Bahnbetriebes zeigt dieses Kapitel systematisch die Hauptfunktionen automatischer Zugbeeinflussungssysteme auf. Ausgangspunkt der Darstellung ist die Sicherung der Zugbewegung, welche grundlegende Sicherungsfunktionen umfasst. Hierauf aufbauend werden weitergehende automatisierungstechnische Funktionen zum Fahren des Fahrzeugs vorgestellt. Mit der Sicherung des Fahrgastwechsels und der Überwachung der Profilfreiheit werden weitere für eine höhere Automation erforderliche Funktionen vorgestellt. Auf dem Weg zu einem vollständig fahrerlosen Betrieb müssen weitere Funktionen technisch realisiert werden wie der automatische Zugbetrieb sowie die Störfallerkennung und das Störfallmanagement.

Automatische Zugbeeinflussungssysteme weisen einen umfangreichen Funktionsumfang auf. Die einzelnen Sicherungsfunktionen werden nachfolgend vorgestellt.

3.1 Hauptfunktion Sichern der Zugbewegung

Die Sicherung der Zugbewegungen besteht aus mehreren Oberfunktionen, die nachfolgend dargestellt werden.

Oberfunktionen Sichern des Fahrwegs

Ein CBTC-System muss Fahrwegsicherungsfunktionen erfüllen, die denen konventioneller Stellwerkstechnik ähnlich sind. Hierdurch sollen Kollisionen und Entgleisungen von Zügen vermieden werden. Dies umfasst verschiedene Sicherungsfunktionen zur Beherrschung von Risiken, die zum Entgleisen oder zu Kollisionen von Zügen führen können (Maschek 2018).

© Springer Fachmedien Wiesbaden GmbH, ein Teil von Springer Nature 2019
L. Schnieder, *Automatisierung im schienengebundenen Nahverkehr,* essentials,
https://doi.org/10.1007/978-3-658-25536-7_3

Die *Entgleisung* wird durch die folgenden Maßnahmen verhindert:

- *Sicherung der beweglicher Fahrwegelemente (Weichen):* Die Weichen werden verschlossen, solange der Streckenabschnitt mit einer Weiche von einem Zug belegt wird. Um ein Umstellen der Weiche unter einem fahrenden Zug und damit eine Entgleisung zu verhindern, müssen neben dem eigentlichen Weichenverschluss weitere Schutzmaßnahmen ergriffen werden (Fahrstraßenverschluss).
- *Schutz vor unstetigen Stellen im Fahrweg:* Da ein Schienenbruch zu Entgleisungen von Zügen führen kann, fordern manche Aufsichtsbehörden die technische Realisierung einer Schienenbrucherkennung. Dies kann beispielsweise durch Gleisstromkreise erfolgen.

Die *Kollision* wird durch die folgenden Maßnahmen verhindert:

- *Schutz vor systemeigenen Fahrzeugen* im Sinne eines wirksamen Ausschlusses von Flanken- und Gegenfahrten.
- *Schutz vor externen Objekten.* Können externe Einrichtungen, wie beispielsweise Fluttore oder bewegliche Brücken das Lichtraumprofil des Zuges verletzten, müssen diese vor Zulassung einer Zugfahrt in ihrer korrekten Endlage verschlossen werden.
- *Schutz vor systemfremden Verkehrsteilnehmern an niveaugleichen Kreuzungen:* Ein CBTC-System kann Schnittstellen zu Bahnübergangssicherungseinrichtungen oder Lichtsignalanlagen aufweisen. Auf diese Weise soll sichergestellt werden, dass die Fahrt eines Zuges nur dann zugelassen wird, wenn eine Gefährdung durch systemfremde Verkehrsteilnehmer ausgeschlossen wurde. Hierbei müssen Bahnübergänge und Lichtsignalanlagen ein- und ausgeschaltet werden. Die Einschaltung kann bei hinter Bahnsteigen liegenden Bahnübergängen liegenden Lichtsignalanlagen und Bahnübergängen zeitverzögert erfolgen. Räumt ein Zug einen Bahnübergang oder eine Lichtsignalanlage mit mehreren Streckengleisen muss die Sicherung aufrechterhalten werden, wenn innerhalb eines vordefinierten Zeitfensters ein Zug in Gegenrichtung den Bahnübergang wieder einschalten würde.

Ziel der Funktion ist es, einen gesicherten Bewegungsraum für die exklusive Durchführung einer spezifischen Zugbewegung zu schaffen (Ritter 2014).

Oberfunktionen Sichern der Abstandshaltung

CBTC-Systeme unterstützen ein Fahren im wandernden Raumabstand (engl.: *Moving Block*). Für die Sicherung der Zugfolge muss ein plötzliches Anhalten des vorausfahrenden Zuges angenommen werden (die relevante Norm spricht hier plakativ von einem „Brick Wall Stop"). Dies bedeutet, dass in CBTC-Systemen ein Fahren im absoluten Bremswegabstand realisiert wird (Abb. 3.1). Folgen nicht CBTC-geführte Züge einander, können diese einander nur im Abstand der reduzierten Freimeldeabschnitte (sekundäre Freimeldung) folgen.

CBTC-Systeme ermitteln für den Zug den freigegebenen Fahrweg und ermitteln das Ende der Fahrerlaubnis. Das Ende der Fahrerlaubnis ist die restriktivste Bedingung von folgenden:

- Das Zugende eines vorausfahrenden Zuges wird von dessen Ortungsfunktion unter Berücksichtigung einer Ortungsungenauigkeit bestimmt.
- Grenze eines Fahrwegabschnitts, der von einem nicht mit CBTC ausgerüsteten Zug belegt wird.
- Ende des Gleises, bzw. Prellbock
- Einfahrt in einen Stellwerksbereich, wo die Fahrstraße nicht mit allen Sicherungsbedingungen eingelaufen ist („Fahrt auf Ersatzsignal").
- Grenze eines Fahrwegabschnitts, für den eine Gegenfahrt zugelassen ist
- Grenze eines Fahrwegabschnitts mit Befahrbarkeitssperre
- Einfahrt in einen Streckenabschnitt mit einem Bahnübergang, der in seiner Funktionsweise gestört ist.
- Einfahrt in einen Streckenbereich, für den das Fahrzeug nicht geeignet ist (Lichtraumprofil, Traktionsstromsystem)

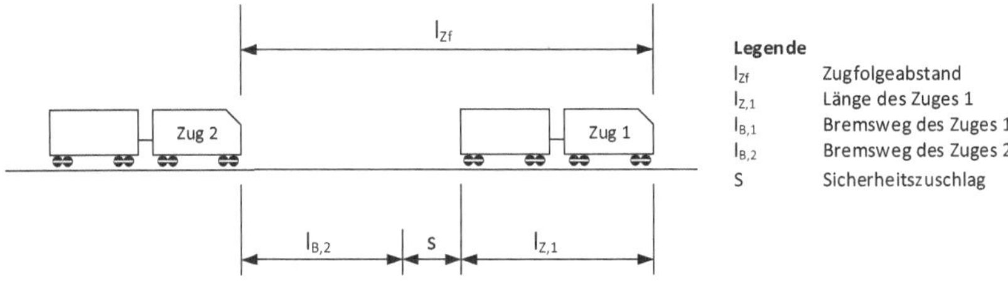

Abb. 3.1 Sicherung des Fahrens im absoluten Bremswegabstand. (Pachl 2016)

Oberfunktion Sichern der Geschwindigkeit

Durch die Oberfunktion ‚Sichern der Geschwindigkeit' sollen Risiken

- von *Entgleisungen* aufgrund unzeitiger Fahrtaufnahme und unangepasster Geschwindigkeiten beim Befahren des Fahrweges (insbesondere Weichenbereiche und Kurven)
- von *Kollisionen* aufgrund unzeitiger Fahrtaufnahme bzw. bei Annäherung an sicherungstechnisch erfassbare Hindernisse mit unangepasster Geschwindigkeit

beherrscht werden. Diese Oberfunktion umfasst die Funktion des Erteilens der Fahrerlaubnis unter Berücksichtigung der zulässigen Geschwindigkeiten sowie die Funktion des Überwachens der Fahrbewegung innerhalb der vorgegebenen zulässigen Grenzen.

Funktion Erteilen der Fahrerlaubnis unter Berücksichtigung der zulässigen Geschwindigkeiten

Für das Verständnis der Randbedingungen der Erteilung der Fahrerlaubnis muss zunächst der Begriff des statischen Geschwindigkeitsprofils vom Begriff des dynamischen Geschwindigkeitsprofil differenziert werden.

Das *statische Geschwindigkeitsprofil* umfasst Infrastrukturelle Gegebenheiten wie das Ende der Fahrerlaubnis, das Geschwindigkeitsprofil der Strecke (Langsamfahrstellen, sonstige Einschränkungen) und vom CBTC-System signalisierte Geschwindigkeiten. Diese Angaben werden auf das Fahrzeug übertragen. Im CBTC-Fahrzeuggerät wird hierbei unter Berücksichtigung fahrzeugseitiger Vorgaben (wie beispielsweise die Zuglänge) ein für das Fahrzeug gültiges individuelles statisches Geschwindigkeitsprofil berechnet.

Das *dynamische Geschwindigkeitsprofil* wird im CBTC-Fahrzeuggerät aus den Angaben des individuellen statischen Geschwindigkeitsprofils berechnet (vgl. Abb. 3.2). Es bildet die zulässige Geschwindigkeit ab. Hierbei werden Bremseinsatzpunkte berechnet, damit an den jeweiligen Zielpunkten die dort gültigen Geschwindigkeitsvorgaben eingehalten werden. Hierbei fließen verschiedene Angaben ein wie beispielsweise

- die zulässige Zuglänge
- die vom CBTC-System zugelassene Überschreitung der Maximalgeschwindigkeit,
- der maximale Geschwindigkeitsmessfehler der CBTC-Fahrzeugeinrichtung,
- die Reaktionszeiten und Latenzzeiten des CBTC-Systems,
- die maximal mögliche Beschleunigung des Zuges zum Zeitpunkt, zu dem eine Geschwindigkeitsüberschreitung festgestellt wird,

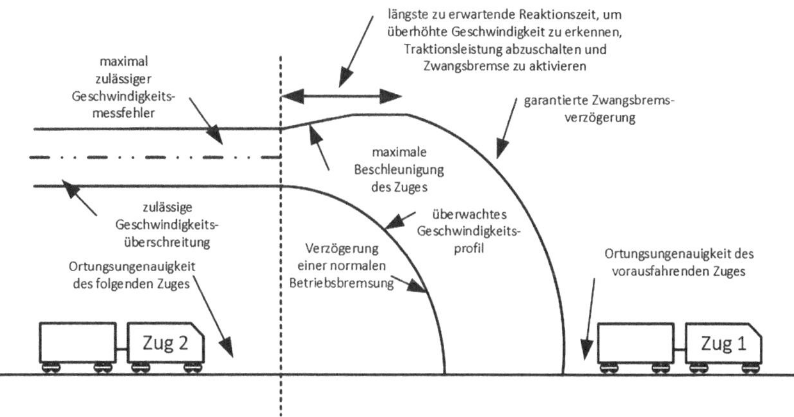

Abb. 3.2 Überwachung der sicheren Bremskurve in der CBTC-Fahrzeugeinrichtung. (IEEE 1474)

- die Worst-case-Reaktionszeit für die Traktionsabschaltung und die Aktivierung der Notbremse nach Feststellung einer Geschwindigkeitsüberschreitung durch das CBTC-System, sowie
- die garantierte Bremsverzögerung der Notbremse sowie Gradienten (Neigung/Gefälle).

Bei der Berechnung der Bremskurve kommt der vom Fahrzeughersteller garantierten Bremskurve eine große Bedeutung zu. Hierbei müssen die folgenden Aspekte mit berücksichtigt werden:

- die Bremseigenschaften des Fahrzeugs bei ebener Strecke
- die Bremseigenschaften des Fahrzeugs bei einer Bandbreite möglicher Umweltbedingungen
- eine Worst-case-Abschätzung von Latenzzeiten im Bremssystem
- die Berücksichtigung der maximalen Fahrzeugbesetzung (plus Schnee- und Eislasten)
- die Reibungsbedingungen zwischen Rad und Schiene (hohe und niedrige Reibungskoeffizienten)

Das CBTC-System muss für die Bestimmung des Fahrprofils den Ort, die Geschwindigkeit und die Fahrtrichtung jedes mit CBTC ausgerüsteten Fahrzeugs kennen. Hierbei muss die Ortung eines CBTC-Zuges sicher und genau

(d. h. in ausreichender Auflösung) sowohl die Spitze als auch das Ende des Zuges bestimmen. Die Bestimmung der Ortungsinformation muss sich selbst initialisieren, d. h. ein Fahrzeug mit Eintritt in den CBTC-Bereich selbst seine Position ermitteln. Gleiches gilt bei Wiederherstellung der Funktion nach einem Ausfall. Hierbei muss das Fahrzeug seine Position und Länge ohne manuelle Eingabe ermitteln.

Funktion Überwachen der Fahrzeugbewegung innerhalb der vorgegebenen zulässigen Grenzen

Das Fahrzeug muss Fahrbewegungen innerhalb der vorgegebenen zulässigen Grenzen ausführen und bei Erkennen von Gefahr bringenden Abweichungen den als sicher geltenden Zustand des Stillstands herbeiführen (Ritter 2014). Hierfür ist die Ortung des Fahrzeugs essenziell. Das CBTC-System muss Messungenauigkeiten der Ortung und Geschwindigkeitsmessung beherrschen. Hierbei müssen einerseits *zufällige Messfehler* korrigiert werden. Dies ist insbesondere dann wichtig, wenn die Funktionen auf der Anzahl der Radumdrehungen beruht (Schleudern/Gleiten). Andererseits müssen auch *systematische Messfehler* korrigiert werden. Diese können beispielsweise durch Verschleiß oder Radsatzwechsel hervorgerufen werden, da hier die gezählten Radumdrehungen systematisch mit dem falschen Radumfang multipliziert werden.

Um eine entsprechende Ortungsgenauigkeit zu erhalten, werden mehrere Sensorprinzipien miteinander verknüpft. Alle CBTC-Systeme verwenden Wegimpulsgeber zur Zählung der Achsumdrehungen, verknüpfen diese Angabe jedoch mit einem anderen von den Radsätzen unabhängigen Sensorprinzip (zum Beispiel Radarsensoren oder Inertialsysteme). Allen CBTC-Systemen ist gemein, dass sie in regelmäßigen Abständen ihre Positionen an Ortsfesten Synchronisationspunkten korrigieren (vgl. Abb. 3.3). Hierfür werden in regelmäßigen Abständen Ortsbaken verlegt, welche von den Fahrzeugen ausgelesen werden. Abb. 3.3 zeigt, wie in Abhängigkeit der vom Fahrzeug zurückgelegten Strecke die Unsicherheit der Weg- und Geschwindigkeitsmessung (Abweichen von gemessener Entfernung zu tatsächlich zurückgelegter Entfernung) zunimmt und dieses Konfidenzintervall bei Überfahrt eines Normierungspunktes auf das Maß von deren Verlegegenauigkeit reduziert wird.

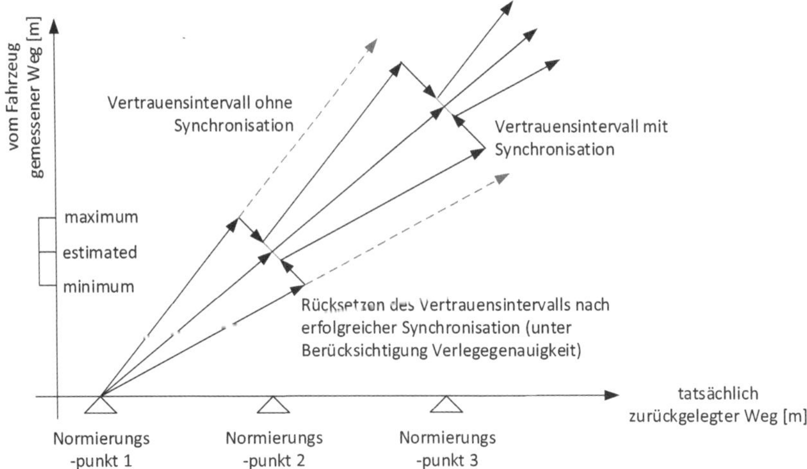

Abb. 3.3 Überwachung der sicheren Bremskurve in der CBTC-Fahrzeugeinrichtung. (IEEE 1474)

3.2 Hauptfunktion Fahren des Fahrzeugs

Das Fahren des Fahrzeugs besteht aus den Oberfunktionen des Bestimmens des Fahrprofils sowie des Steuerns der Züge in Abhängigkeit des Fahrprofils.

Oberfunktion Bestimmen des Fahrprofils
Die Leittechnik (Automatic Train Supervision, ATS) kann eine optimale Regelung der Geschwindigkeit eines Fahrzeugs unterstützen. Die Leittechnik kennt den aktuellen Betriebszustand des Systems und kann übergeordnete Strategieentscheidungen zur optimalen Fahrweise eines Fahrzeugs treffen. Grundsätzlich bestehen die Strategieoptionen einer energieoptimalen oder einer zeitoptimalen Fahrweise. Diese Strategieoptionen werden nachfolgend vorgestellt:

- *Zeitoptimale Fahrweise:* Bei vorliegenden Verspätungen kann die Fahrzeit des Zuges durch eine gezielte Variation beispielsweise der Haltestellenaufenthaltszeiten oder einer Beeinflussung der Fahrzeiten zwischen den Stationen (Beschleunigung, Verzögerung, Anpassung der Fahrgeschwindigkeit)

beeinflusst werden. Die Vorgaben der Leittechnik werden dem Fahrzeugführer angezeigt (bei fahrerunterstützenden Systemen), bzw. von der automatisierungstechnischen Komponente (Automatic Train Operation, ATO)
selbstständig in Befehle für die Fahrzeugsteuerung umgesetzt. Die Umsetzung
der zeitoptimalen Fahrstrategie ist in Abb. 3.4 auf der linken Seite dargestellt. Hierbei zeigt die obere Hälfte des Schaubildes eine Fahrschaulinie
(Geschwindigkeit über den Weg). Ein maschineller Regler kann der durchgezogenen Linie (Geschwindigkeitsvorgabe) optimal folgen. Ein menschlicher
Fahrzeugführer wird in der Regel unterhalb der zulässigen Geschwindigkeit
bleiben und das Fahrzeug mit einer charakteristischen „Sägezahnbewegung"
knapp unterhalb der Sollvorgabe führen. Mit dieser Fahrschaulinie korrespondiert das unten stehende Zeit-Weg-Linien-Diagramm. Hierbei wird deutlich,
dass mit einer maschinellen Regelung eine Fahrzeitverkürzung möglich ist.

- *Energieoptimale Fahrweise:* Gibt es die Betriebssituation her, kann auch
  eine energieoptimale Fahrweise umgesetzt werden. Aus einer Streckendatenbank kennt das CBTC-System die Topologie des vor dem Fahrzeug liegenden Streckenabschnitts (Weichenradien, Neigung und Bahnsteige). Mithilfe
  dieser Daten in Kombination mit der aktuellen Geschwindigkeit, der Position
  und den von der Leittechnik über die Kommunikationsverbindung empfangenen Online-Fahrplandaten wird das Fahrzeug energieeffizient gesteuert (Rahn
  2011). Die Umsetzung der energieoptimalen Fahrstrategie ist in Abb. 3.4 auf
  der rechten Seite dargestellt. Die Fahrschaulinie zeigt, wie das Fahrzeug nach
  Erreichen der Maximalgeschwindigkeit die Traktionsleistung abschaltet und
  ausrollt (*Coasting*). Das Fahrzeug wird dann bei Erreichen der Haltestelle auf
  die exakte Halteposition zielgebremst. Im unteren Bereich des Schaubildes wird
  in der Zeit-Weg-Linien-Darstellung deutlich, dass Fahrplanreserven durch das
  Coasting in Energieeinsparungen gewandelt werden können. Algorithmen zur
  energiesparenden Fahrweise können den Traktionsenergieverbrauch um 10 bis
  20 % reduzieren. Dank reduzierter Geschwindigkeit in den Coasting-Phasen
  (Rollen) ist auch ein reduzierter Verschleiß der Bremsen eine willkommene
  Nebenwirkung (Rahn 2011).

Oberfunktion Steuern der Züge in Abhängigkeit des Fahrprofils
Ein Schienenverkehrssystem kann als geschlossener Regelkreis wahrgenommen
werden. Ein Regelkreis besteht hierbei aus der geschlossenen Wirkkette von
Messglied, Regler, Stellglied und Regelstrecke (vgl. Abb. 3.5). Regelkreise können auch kaskadiert werden In diesem Fall ist der innere Regelkreis in einen überlagerten Regelkreis eingebettet. Übertragen auf ein CBTC-System ist hierbei die
Regelstrecke das einzelne Fahrzeug auf seiner Fahrt entlang einer Linie. Über das
Messglied (Odometrie) werden Orts- und Geschwindigkeitsinformationen erfasst.

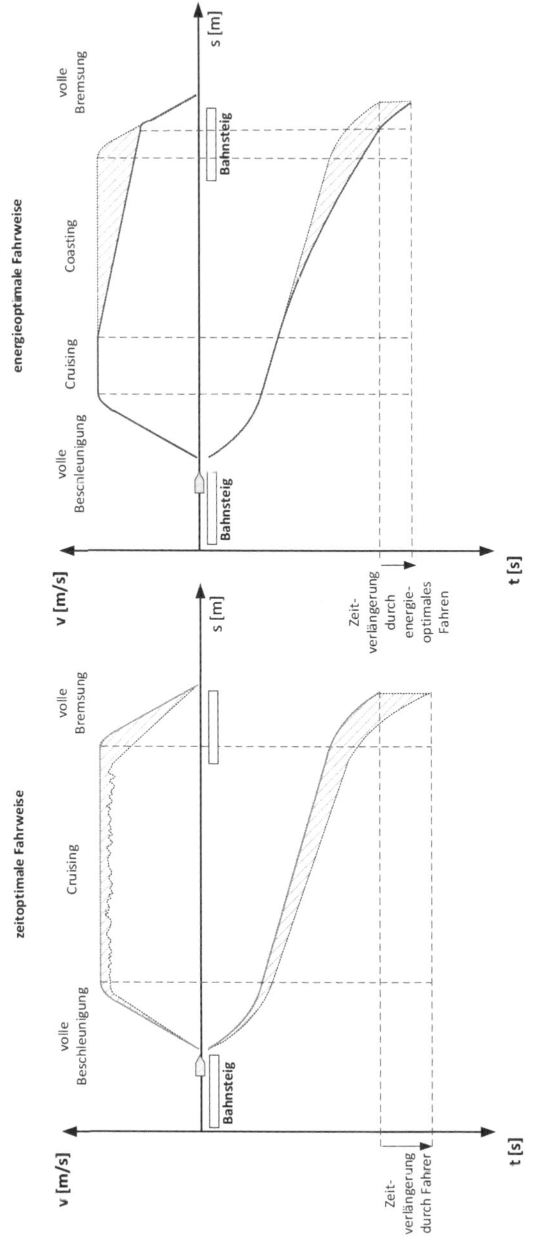

Abb. 3.4 Umsetzung einer zeitoptimalen Fahrweise in der ATO

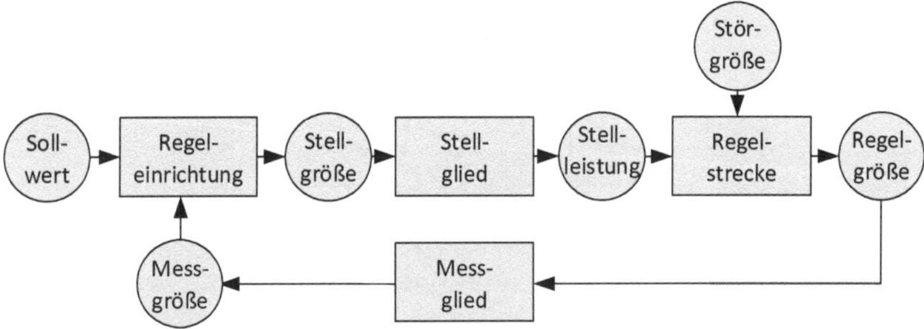

Abb. 3.5 Steuern von Zügen als Regelkreisstruktur

In der *Regeleinrichtung* werden übergeordnete Führungsgrößen der Leitebene (ATS) mit den Messgrößen verglichen. Eine erkannte Regeldifferenz fließt in das *Stellglied* ein und führt je nach Strategie zur Ausgabe von Stellgrößen im Sinne einer Beschleunigung, Traktionsabschaltung oder Bremsung.

3.3 Hauptfunktion Überwachen des Fahrgastwechsels

Die folgenden Oberfunktionen sind für das fahrerlose Fahren verbindlich. Für niedrigere Automatisierungsgrade können diese Oberfunktionen nur teilweise technisch umgesetzt sein, da diese Oberfunktionen anteilig vom Betriebspersonal wahrgenommen werden.

Oberfunktion Steuern und Überwachen der Türfreigabe
Die Türsteuerung kann von verschiedenen technischen Kriterien abhängig gemacht werden. Diese technischen Abhängigkeiten stellen sicher, dass die folgenden Bedingungen erfüllt sind, bevor die Türfreigabe erteilt wird

- Der Zug ist in der geforderten Genauigkeit am benannten Haltepunkt zum Stillstand gekommen.
- Der Zug hat seinen Stillstand erkannt (Stillstandserkennung).
- Der Zug ist gegen unbeabsichtigte Bewegung gesichert (Rückrollüberwachung).
- Es gibt einen Bahnsteig seitlich des Zuges, für welchen die Türfreigabe erteilt werden kann.

Oberfunktion Verhindern der Verletzung von Personen zwischen Fahrzeugen
Die Oberfunktion ‚Verhindern der Verletzung von Personen zwischen Fahrzeugen' soll Gefährdungen verhindern, dadurch dass Reisende zwischen die Fahrzeuge fallen (Kupplungsbereich). Die Überwachung des Kupplungsbereiches ist vor allem dann wichtig, wenn beispielsweise eine unter Alkoholeinfluss stehende Person oder Sehbehinderte unterwegs sind oder wenn bei großem Gedränge am Bahnsteig die Gefahr besteht, dass Personen zu Fall kommen. Technisch können hierbei beispielsweise fahrzeugseitige Kuppelüberwachungssysteme zum Einsatz kommen (bspw. nach dem Sender-Empfänger-Prinzip arbeitende Infrarotleisten zwischen den zu kuppelnden Fahrzeugen). Diese Sensorik wird bei Halt im Bahnsteiggleis mit Erteilung der Türfreigabe aktiviert, bei Ausfahrt bleibt sie noch zehn Meter eingeschaltet (May et al. 2012).

Oberfunktion Sichern der Bahnsteigkante
Bei fahrerlosem Fahrbetrieb sind die Bahnsteigkanten zu sichern. Das heißt, dass keine Person unzulässigerweise zwischen Fahrzeug und Bahnsteig gelangen kann, bzw. sich keine Person oder kein Gegenstand unterhalb der Bahnsteigkante befinden kann. Generell gibt es zwei unterschiedliche Möglichkeiten zur technischen Sicherung der Bahnsteigkanten.

Die eine möglichkeit zur Umsetzung der Sicherung der Bahnsteigkanten sind Bahnsteigtüren. Bahnsteigtüren sind gegebenenfalls schon alleine aus Komfortgründen in unterirdischen Streckenbereichen vorgesehen (beispielsweise Klimatisierung von Stationen oder Vermeidung von Belästigung der Fahrgäste durch den Luftzug einfahrender Züge). Selbstverständlich existieren für die Verwendung von Bahnsteigtüren detaillierte Sicherheitsanforderungen:

— *Vermeidung einer Fehlpositionierung von Fahrzeugen:* Durch eine hohe Haltegenauigkeit der Fahrzeuge am Bahnsteig wird eine minimale Öffnungsweite zwischen Fahrzeug- und Bahnsteigtür sichergestellt. Nottüren stellen sicher, dass Fahrgäste auch aus fehlpositionierten Fahrzeugen aussteigen können.
— *Reziprozität der Türsteuerung:* Fahrzeugtüren gehen nur dann auf, wenn auch stationsseitig eine funktionierende Bahnsteigtür vorhanden ist. Hält beispielsweise ein Kurzzug in einer Station, bleiben die Bahnsteigtüren hinter dem Zug geschlossen. Ebenfalls bleiben Zug- oder Bahnsteigtüren geschlossen, wenn die korrespondierende Bahnsteig- oder Zugtür defekt ist (Haspel und vom Hövel 2001).

– *Freisein des Raums zwischen Bahnsteig- und Fahrzeugtür:* Durch bauliche Maßnahmen kann sichergestellt werden, dass keine Person zwischen Bahnsteig- und Fahrzeugtür eingeschlossen werden kann. So gibt es beispielsweise durch einen geringen Abstand zwischen Fahrzeug- und Bahnsteigtür keine ausreichende Standfläche für Fahrgäste.

Die andere Möglichkeit zur Umsetzung der Sicherung von Bahnsteigkanten sind Überwachungseinrichtungen für den Gleisbereich, die verhindern, dass Personen von Fahrzeugen gefährdet werden. Dies ist beispielsweise bei oberirdischen nicht als geschlossene Bahnhofsgebäude ausgeführten Stationen denkbar. Hier wären bei Verwendung automatischer Bahnsteigtüren, die der Witterung unmittelbar ausgesetzt sind, Zuverlässigkeitsprobleme der türanlagen mit gravierenden Auswirkungen auf den Zugbetrieb vorprogrammiert. Eine konkrete Lösung sind hier beispielsweise Infrarot-Lichtschranken, welche bei Erkennen von Personen oder größeren Gegenständen im Gleis je nach Entfernung des Zuges zum Gefahrenbereich unterschiedliche sicherheitsgerichtete Reaktionen umsetzen. Befindet sich der zug bereits sehr nahe am Bahnsteig, erfolgt eine Zwangsbremsung. Ist der Zug noch im Tunnel unterwegs und weiter entfernt, so fährt der Zug gegebenenfalls bis kurz vor den Bahnsteig und kommt dort zum Stillstand. Parallel dazu erfolgt eine Meldung an die besetzte Leitstelle (Dombrowsky et al. 2008).

Oberfunktion Sicherstellen der Abfertigungsbedingungen
Durch diese Basisfunktion wird sichergestellt, dass Züge nur abfahren dürfen, wenn der Fahrgastwechsel ordnungsgemäß abgeschlossen ist (Ritter 2014). Neben den in den vorherigen Abschnitten dargestellten Oberfunktionen müssen auch Gefährdungen beim Schließen der Fahrzeugtüren ausgeschlossen werden. Hierfür können die Fahrzeugtüren mit einem *Einklemmschutz* ausgestattet werden. Beim automatischen Schließen einer Tür kann zum Beispiel eine Elektronik den Stromverbrauch der Türmotoren messen. Steigt dieser, weil beispielsweise ein Gegenstand oder Mensch den Schließvorgang blockiert, gibt die Elektronik die Tür wieder frei. Bleibt die Tür auch bei wiederholtem Schließversuch blockiert, wird die besetzte Leitstelle informiert, um sich ein Bild (bspw. über Kameras oder eine Notsprechstelle) von der Lage im Fahrzeug zu machen. Zusätzlich können die Türkanten mit einem *Einklemmerkennungssystem* ausgestattet werden, welches selbst dünne Gegenstände (bspw. eine Hundeleine) erkennt. Technisch kann dies durch Sensoren im Gummiprofil der Türen erkannt werden (Dombrowsky et al. 2008). Die Einklemmerkennung wird erst bei geschlossener Tür aktiviert und ist auch noch beim Anfahren eingeschaltet, um ein Mitschleifen von Personen zu verhindern (May et al. 2012). Löst diese Sensorik aus, wird der Zug umgehend gestoppt und ein Alarm auf der besetzten Leitstelle ausgelöst.

3.4   Hauptfunktion Überwachen der Profilfreiheit

In geringeren Automatisierungsgraden ist der Fahrer für die Hauptfunktion Überwachung der Profilraumfreiheit verantwortlich. In höheren Automatisierungsgraden müssen die folgenden Oberfunktionen von einem CBTC-System mittels Schnittstellen zu externen Systemen übernommen werden

Oberfunktion Verhinderung der Kollision mit Objekten
Das CBTC muss verhindern, dass ein Zug in einen Streckenbereich einfährt, den dieser nicht gesichert befahren kann. Mögliche Gründe hierfür sind:

- mechanische Bedingungen (z. B. Lichtraumprofil),
- bauliche Bedingungen (z. B. unzureichende Kurvenradien),
- elektrische Bedingungen (z. B. ungeeignetes Traktionsstromsystem),
- andere vorübergehende Befahrbarkeitseinschränkungen (z. B. Baustellen) oder
- andere dauerhafte Befahrbarkeitseinschränkungen.

Leittechnische Systeme sehen vor, dass vorübergehende Befahrbarkeitseinschränkungen in CBTC-Systemen vom Bediener in der Leitstelle eingerichtet und zurückgenommen werden können. Die CBTC-Streckeneinrichtung wird dann beispielsweise reduzierte Geschwindigkeiten oder Streckensperrungen in der Erstellung von Fahrbefehlen in der Annäherung und bei der Durchfahrt von Streckenbereichen mit Befahrbarkeitseinschränkungen berücksichtigen. Die Information über Befahrbarkeitseinschränkungen wird dem Fahrzeugführer auf seiner Führerstandsanzeige dargestellt. Die Fahrzeugeinrichtung überwacht die Einhaltung der reduzierten Geschwindigkeitsvorgabe oder Streckensperrung und löst bei erkannten Abweichungen eine Zwangsreaktion aus.

Oberfunktion Verhinderung der Kollision mit Personen im Gleis
Die Profilraumfreiheit basiert auf verschiedenen betrieblichen und technischen Maßnahmen (fahrzeugseitig werden diese durch eine Hinderniserkennung ergänzt, vgl. Abschn. 3.6):

- *baulicher Gefährdungsausschluss entlang der Strecke:* für einen hochautomatisierten Fahrbetrieb ist oftmals bereits durch bauliche Maßnahmen wie Einfriedungen oder gar ein Betrieb im Tunnel ein weitreichender Schutz gegen das Eindringen von Personen oder Gegenständen in den Lichtraum eines fahrerlos verkehrenden Bahnsystems erreicht.

– *Verhindern des Eindringens von Personenn über die Bahnsteigkante:* Bei Stationen ohne Bahnsteigtüren wird ein Eindringen von Personen über die Bahnsteigkante über die Sensorik erkannt. Ebenso verhindern Bahnsteigtüren ein
Eindringen über die Bahnsteigkante.

– *Verhindern des Eindringens von Personen über den Kopfbereich der Bahnsteige:* Ein Eindringen über den Kopfbereich der Bahnsteige wird durch bauliche Abtrennungen verhindert. Türen zum Notgehweg entlang der Strecke
lassen sich nur per Schlüssel oder von der Strecke aus öffnen und sind alarmüberwacht.

– *Räumfahrten:* Nach Betriebsunterbrechungen wird zunächst eine Fahrt
durch einen Betriebsbediensteten an der Spitze des Zuges mit reduzierter
Geschwindigkeit durchgeführt. Der Betriebsbedienstete kann den Zug über
eine Nothalttaste jederzeit zum Halten bringen. Nach der Räumfahrt kann der
fahrerlose Regelbetrieb aufgenommen werden.

3.5 Hauptfunktion Automatischer Zugbetrieb

Für einen automatischen Zugbetrieb sind weitere Oberfunktionen erforderlich,
welche nachfolgend vorgestellt werden.

Oberfunktion Einsetzen und Aussetzen von Fahrzeugen
Im automatischen Zugbetrieb können vollautomatisierte Depots vorgesehen werden. Hierbei können verschiedene betriebliche Handlungen automatisiert vorgenommen werden. So kann dynamisch auf Spitzen im Fahrgastaufkommen
reagiert werden:

• *Abrüsten und Abstellen von Zügen:* Fahrzeuge können hierbei vom System
abgerüstet und in einen Abstellmodus versetzt werden.

• *Aufrüsten und Inbetriebnahme von Zügen:* Bei Einsatzbeginn können die
Fahrzeuge über die Leittechnik (Automatic train supervision, ATS) wieder in
Betrieb genommen werden.

Oberfunktion Betreiben eines Fahrzeugs zwischen betrieblichen Halten
Das Betreiben eines Zuges zwischen zwei betrieblichen Halten umfasst beispielsweise die Möglichkeit zu Fahrtrichtungswechseln, aber auch das Stärken und
Schwächen von Zügen.

- Für das *Stärken und Schwächen von Zügen* muss beispielsweise auch das automatische Kuppeln beherrscht werden. Gegebenenfalls ist ein Umstellen von Kurz- (bspw. zwei Wagen) auf Langzugbetrieb (zum Beispiel vier Wagen) und umgekehrt automatisch durch den Fahrplan oder manuell durch die Leitstelle möglich.
- *Fahrtrichtungswechsel* passieren planmäßig an den Endhaltestellen. Hierbei können Kurzkehren (der Zug kehrt am Bahnsteig) und Langkehren (der Zug fährt in ein hinter dem Bahnsteig liegendes Kehrgleis) unterschieden werden.

Oberfunktion Überwachung des Fahrzeugzustands
Eine Fahrzeugdiagnose liefert Zustands- und Störungsmeldungen an die Mitarbeiter der Leitstelle. Die Meldungen müssen für den Leitstellenmitarbeiter leicht verständlich sein, müssen klare Handlungshinweise geben und dürfen nicht zu umfangreich sein (May et al. 2012).

3.6 Hauptfunktion Störfallerkennung und Störfallmanagement

Insbesondere, wenn kein Fahrzeugführer mehr an Bord ist, müssen Störfälle technisch erkannte werden und entweder die korrekte Reaktion direkt durch automatisierungs-technische Komponenten angestoßen werden oder aber zumindest ein Alarm auf einer besetzten Leitstelle angezeigt werden, sodass von dort eine sicherheitsgerichtete Reaktion ergriffen werden kann.

Oberfunktion Brandmeldung
Um frühzeitig eine durch Brand bzw. Rauch ausgehende Gefährdung der Fahrgäste zu verhindern, werden Fahrzeuge mit einer Brandmeldeanlage ausgestattet. Temperatursensoren und Rauchmelder in verschiedenen Komponenten des Fahrzeuges sowie im Fahrgastraum detektieren frühzeitig einen Brand. Bei Ansprechen des Brandmeldesystems erfolgt eine ortsselektive Meldung an die Leitstelle. Durch den Einsatz spezieller funktionserhaltender Kabel im Fahrzeug wird erreicht, dass im Falle eines sich entwickelnden Brandes die Mindestfunktionen des Fahrzeugs aufrecht erhalten bleiben. Das Fahrzeug kann auf diese Weise sicher die nächste Haltestelle erreichen, sodass dort eine Evakuierung erfolgen kann (Müller und Schmidt 2003).

Oberfunktion Evakuierung

Eine Freigabe der Tür-Notentriegelung ist bspw. für die Evakuierung relevant. Sobald sich der Zug in Bewegung setzt, wird die Tür-Notentriegelung gesperrt. Bleibt der Zug im Tunnel störungsbedingt stehen, so bleibt die Tür-Notentriegelung so lange gesperrt, bis entsprechende Sicherheitsmaßnahmen wie „Anhalten des Gegenverkehrs" oder „Stromschiene spannungslos schalten" eingeleitet werden konnten. Erst dann ist den Fahrgästen ein gefahrloses Verlassen des Zuges möglich (Müller und Schmidt 2003).

Oberfunktion Hindernisdetektor

Für den automatischen Betrieb kann jeweils am führenden Drehgestell ein aktiver Bahnräumer vorgesehen werden, der durch Hindernisse im Gleisbereich ausgelöst wird. Sollte ein Gegenstand auf diesen Bahnräumer treffen, erkennen Endlagenschalter den Druck auf den Bahnräumer und lösen eine nicht aufhebbare Bremsung bis zum Stillstand aus (May et al. 2012). Es erfolgt in diesem Fall eine Meldung an die besetzte Leitstelle (VDV 1997).

Oberfunktion Entgleisungserkennung

Es müssen Einrichtungen vorhanden sein, die mindestens das führende Fahrwerk auf Entgleisung überwachen können (Müller und Schmidt 2003). Technsich kann dies beispielsweise über Beschleunigungssensoren an den Achsen erkannt werden. Die Beschleunigungssensoren erkennen, wenn ein Räderpaar nicht mehr auf der Schiene aufsitzt. Wird eine Entgleisung erkannt, muss eine Bremsung bis zum Stillstand erfolgen. Darüber hinaus muss die Entgleisung einer besetzten Betriebsstelle gemeldet werden, damit entsprechende betriebliche Maßnahmen ergriffen werden können (VDV 1997).

Automatisierungsgrade 4

Städtische Schienenverkehrssysteme sind komplexe Mensch-Maschine-Systeme. In einschlägigen Standards werden Automatisierungsgrade definiert. Ausgangspunkt hierfür ist eine generische Beschreibung aller für den Betrieb eines städtischen Schienenverkehrssystems erforderlichen Funktionen. Auf diesem Funktionskatalog aufbauend wird dargestellt, wie durch aufeinander aufbauende Automatisierungsgrade zunehmend mehr Funktionen von technischen Systemen übernommen werden und der Mensch zunehmend entlastet wird. In der höchsten Ausprägung wird das System vollautomatisch betrieben – eine Mitwirkung des Menschen an Bord des Zuges ist dann im Regelbetrieb nicht mehr erforderlich.

In Abhängigkeit der zuvor dargestellten Sicherungsfunktionen werden verschiedene Automatisierungsgrade unterschieden. Hierbei werden mit zunehmenden Automatisierungsgraden zunehmend mehr Sicherungsfunktionen von technischen Systemen übernommen und der Fahrer entlastet. Mit zunehmendem Automatisierungsgrad nehmen auch die Anforderungen an das Signalsystem und die eingesetzten Fahrzeuge zu.

4.1 Fahrt auf Sicht (on-sight train operation)

On-Sight train operation bezeichnet das Fahren auf Sicht. Hierbei kann die Sicherung von Zugfahrten durch Signale erfolgen. Hinzu kommt bei am Straßenverkehr teilnehmenden Schienenbahnen (insbesondere Straßenbahnen mit straßenbündigem Bahnkörper) die Anwendung der Vorschriften für den Straßenverkehr. Der Fahrzeugführer ist hier in vollem Umfang für die sichere Durchführung der Fahrzeugbewegung verantwortlich.

© Springer Fachmedien Wiesbaden GmbH, ein Teil von Springer Nature 2019　　29
L. Schnieder, *Automatisierung im schienengebundenen Nahverkehr,* essentials,
https://doi.org/10.1007/978-3-658-25536-7_4

4.2 Fahrt mit Zugbeeinflussung (manual train operation)

Hierbei handelt es sich um eine manuelle Fahrt mit Zugbeeinflussung. Der Fahrer regelt die Fahrt und ist für Start, Stopp und Türsteuerung zuständig. Der Zugbetrieb ist nicht automatisiert, aber einige Parameter der Fahrt können in Abhängigkeit des Funktionsumfangs eines vorhandenen Zugbeeinflussungssystems überwacht werden.

4.3 Halbautomatischer Zugbetrieb (semi-automatic train operation, STO)

Hierbei handelt es sich um einen halbautomatischen Zugbetrieb. Die Steuerung der Traktionsleistung und der Bremsen wird von einem technischen System übernommen. Der Fahrer bleibt in diesem Automatisierungsgrad nach wie vor auf dem Führerstand und erteilt in der Station nach Abfertigung des Zuges und dem Türenschließen den Fahrtauftrag für eine sichere Abfahrt des Zuges aus der Haltestelle. Der Fahrer überwacht die Fahrt zur nächsten Station und kann in Gefahrensituationen sofort eingreifen (Rumsey 2010).

4.4 Begleiter fahrerloser Zugbetrieb (driverless train operation, DTO)

Driverless Train Operation (DTO) bezeichnet den begleiteten fahrerlosen Zugbetrieb. In diesem Automatisierungsgrad kann sich der Fahrer vom Führerstand des Zuges entfernen, bleibt aber weiterhin an Bord des Zuges, um seine betrieblichen Aufgaben zu erfüllen und um im Falle des Funktionsausfalls der Automatisierungssysteme die Verantwortung für das Führen des Zuges wieder zu übernehmen. Da der Fahrer in diesem Automatisierungsgrad die Fahrt des Zuges und die vor dem Zug liegende Strecke nicht mehr im Voraus einsehen kann, stellt dieser Automatisierungsgrad höhere Anforderungen an Gewährleistung der Profilfreiheit für die Zugfahrten. Im Automatisierungsgrad DTO können die Türen und die Abfahrt des Zuges vom Bahnsteig entweder automatisch oder manuell von einem beliebigen Ort im Zugverband (und damit nicht zwingend vom Führerstand des Zuges) gesteuert werden. Dies wirkt sich insbesondere an Endhaltestellen positiv auf den Durchsatz aus, da die Zeit gespart werden kann, die bei geringeren Automatisierungsgraden für den Wechsel des Führerstandes erforderlich ist. Der Fahrzeugführer muss nun nicht mehr den ganzen Zugverband entlang von einem Führerstand zum anderen gehen (Rumsey 2010).

4.5 Vollautomatischer fahrerloser Zugbetrieb (unmanned train operation, UTO)

Der Automatisierungsgrad Unmanned Train Operation (UTO) bezeichnet den vollautomatischen, fahrerlosen Zugbetrieb. Dieser Automatisierungsgrad kann Zugbewegungen ohne Fahrgäste (zum Beispiel für Fahrten in ein Abstellgleis oder in einem automatisierten Depot) oder den Betrieb von Zügen im Fahrgastbetrieb ohne Begleitpersonen an Bord umfassen. Letzteres setzt voraus, dass der Zug bei Ausfällen von Steuerungssystemen ferngesteuert werden kann oder zumindest von entlang an der Strecke verfügbarem Personal in kurzer Zeit erreicht werden kann. Im Störungsfall müssen die Fahrgäste an Bord beruhigt werden. Daher sind gute Kommunikationsverbindungen zwischen dem Fahrzeug und den Mitarbeitern des Verkehrsunternehmens unerlässlich. Eine Automatisierung der Türsteuerung ist für diesen Automatisierungsgrad zwingend erforderlich und muss entsprechend sicher gestaltet sein. Dies bedeutet, dass eingeklemmte Kleidungsstücken oder Personen sicher erkannt werden müssen und in diesem Fall unmittelbar eine sicherheitsgerichtete Reaktion eingeleitet wird. Ein erhöhter Schutz der Strecke vor dem Eindringen unberechtigter Personen bzw. technische Systeme zur Hinderniserkennung sind ebenfalls erforderlich.

Betriebsarten und Betriebsartenübergänge

5

Die Zugbeeinflussungssysteme dienen einer optimalen Abwicklung des Betriebs. Hierfür stehen – in Abhängigkeit vom Ausstattungsgrad – unterschiedliche Betriebsarten zur Verfügung. Jede Betriebsart umfasst eine Teilmenge an Sicherungsfunktionen. Zwischen den Betriebsarten sind Übergänge möglich, welche an eindeutige Bedingungen geknüpft und technisch überwacht werden. In diesem Abschnitt werden die verschiedenen Betriebsarten und zwischen ihnen bestehende Übergänge erläutert.

In diesem Kapitel wird beschrieben, wie Fahrzeuge in die CBTC-Überwachung aufgenommen, bzw. aus dieser entlassen werden (vgl. Abschn. 5.1). Darüber hinaus wird beschrieben, wie im Falle von Störungen der Fahrzeug- oder Streckeneinrichtungen Betrieb durchgeführt werden kann (vgl. Abschn. 5.2).

5.1 Aufnahme in den und Entlassung aus dem CBTC-Betrieb

Das CBTC-System muss die räumliche Begrenzung des von ihm überwachten Streckenbereichs kennen und muss rechtzeitig vor Aufnahme des Fahrzeugs in die CBTC-Überwachung prüfen, ob die CBTC-Fahrzeugeinrichtung des sich nähernden Fahrzeugs einwandfrei funktioniert.

- *Prüfung erfolgreich:* Der Fahrzeugführer erhält eine Information (auf der Führerstandsanzeige). In diesem Fall ist es nicht erforderlich, dass der Zug anhält oder seine Geschwindigkeit bei Einfahrt in den CBTC-Bereich reduziert (es sei denn, dies ist aus anderen betrieblichen Gründen erforderlich)

© Springer Fachmedien Wiesbaden GmbH, ein Teil von Springer Nature 2019
L. Schnieder, *Automatisierung im schienengebundenen Nahverkehr,* essentials,
https://doi.org/10.1007/978-3-658-25536-7_5

- *Prüfung nicht erfolgreich:* Der Fahrzeugführer erhält eine Information über die Störung des CBTC-Systems. In diesem Fall fällt der Fahrzeugführer auf das bestehende (ggf. reduzierte) ortsfeste Signalsystem zurück oder muss die geltenden betrieblichen Regeln (bspw. Für das Fahren auf Sicht) beachten.

Das CBTC-System muss seine Bereichsgrenzen kennen. Bevor ein Zug den Bereich einer CBTC-Streckenausrüstung verlässt, muss der Fahrzeugführer einen visuellen Hinweis erhalten, den dieser in der Regel quittieren muss.

- Der Hinweis muss frühzeitig, bzw. in einer ausreichenden Distanz vor der Grenze erfolgen.
- Sofern bekannt, wird das CBTC-System den Fahrer informieren, welcher Art das Zugsicherungssystem hinter der Systemgrenze sein wird.

Im normalen Betriebsgeschehen sollte es für den Zug nicht erforderlich sein, seine Geschwindigkeit zu reduzieren, es sei denn, dies ist aus betrieblichen Gründen geboten.

5.2   Betrieb bei Störungen von Fahrzeug- oder Streckeneinrichtungen

Es ist betrieblich gefordert, auch im Falle einer Störung der CBTC-Einrichtungen oder der Datenkommunikation einen sicheren Zugbetrieb aufrecht zu erhalten. Hierbei ist jedoch die Leistungsfähigkeit der Strecke stark eingeschränkt, d. h. es ist nur ein Betrieb mit reduzierten Geschwindigkeiten und höheren Zugfolgezeiten möglich. Hieraus folgt, dass das CBTC-System so gestaltet werden muss, dass auch im Störungsbetrieb ein sicherer Betrieb auf der Rückfallebene möglich ist. Auch im Störungsbetrieb sollte nach wie vor eine Überwachung der Fahrzeugbewegung möglich sein, ohne sich auf betriebliche Regelungen allein verlassen zu müssen. Dies kann entweder durch das CBTC-System selbst, ein konventionelles Zugsicherungssystem in der Rückfallebene oder eine Kombination aus beiden Systemen erreicht werden. Für den Störungsbetrieb müssen zwei Arten von Ausfällen betrachtet werden:

- *CBTC-Systemausfälle, die alle Züge in einem Streckenbereich betreffen:* Für den Fall eines Systemausfalls, der alle mit CBTC ausgerüsteten Züge in einem Streckenbereich umfasst (z. B. Ausfall eines CBTC-Streckengeräts oder

Ausfall der Datenkommunikation) müssen die Züge dennoch weiterhin sicher verkehren:

- gemäß der Vorgaben eines bestehenden (reduzierten) konventionellen Signalsystems,
- unter strenger Beachtung betrieblicher Regelwerke,
- als Kombination aus beiden zuvor genannten Punkten.

In diesem Störungsbetrieb sollten Überwachungsfunktionen der CBTC-Fahrzeugeinrichtung weiterhin funktionieren (wenn dies sicherheitsförderlich ist).

- CBTC-Systemausfälle, die einen Zug in allen Streckenbereichen betreffen: Für den Fall, dass ein mit CBTC ausgerüsteter Zug in einem beliebigen Streckenbereich gestört ist, muss das System dennoch einen sicheren Betrieb gewährleisten:
  - gemäß der Vorgaben eines bestehenden (reduzierten) konventionellen Signalsystems,
  - innerhalb Zuggeschwindigkeit, die vom Antriebssystem bereitgestellt werden kann,
  - unter strenger Beachtung betrieblicher Regelwerke,
  - als Kombination aus den zuvor genannten Punkten.

In diesem Störungsbetrieb sollten Sicherungsfunktionen der CBTC Streckeneinrichtung und in anderen CBTC-Fahrzeugsystemen aufrechterhalten werden.

Performancekriterien 6

Ziel eines Bahnsystems ist die Bereitstellung einer bestimmten Stufe der Ausprägung des Schienenverkehrs, der fahrplangemäß und sicher ist. Die Qualität der Betriebs- und Dienstleistung wird durch viele Merkmale beeinflusst, beispielsweise durch die Häufigkeit, mit der die Betriebs- und Dienstleistung erbracht wird, ihre Regelmäßigkeit und die Tarifstruktur. Essenziell ist aber auch der zu erwartende Grad an Vertrauen, dass das System spezifikationsgemäß funktioniert und ebenso verfügbar und sicher ist. Dieses Kapitel stellt die für eine qualitätsgerechte Betriebs- und Dienstleistung eines Verkehrsunternehmens erforderlichen Eigenschaften eines CBTC-Systems dar.

Neben den eigentlichen funktionalen Anforderungen müssen automatische Zugbeeinflussungssysteme auch nicht-funktionale Anforderungen erfüllen. Diese werden nachfolgend dargestellt.

6.1 Verlässlichkeit

Die Verlässlichkeit als Systemeigenschaft automatischer Zugbeeinflussungssysteme wird im englischen Sprachgebrauch auch mit der Abkürzung RAMSS bezeichnet. Hierbei stehen die einzelnen Buchstaben für spezifische Aspekte, die in der Systemgestaltung automatisierter Zugbeeinflussungssysteme mit berücksichtigt werden müssen:

- *Reliability* (Zuverlässigkeit),
- *Availability* (Verfügbarkeit),
- *Maintainability* (Instandhaltbarkeit),

© Springer Fachmedien Wiesbaden GmbH, ein Teil von Springer Nature 2019
L. Schnieder, *Automatisierung im schienengebundenen Nahverkehr,* essentials,
https://doi.org/10.1007/978-3-658-25536-7_6

- *Safety* (Sicherheit im Sinne eines Schutz der Umwelt vor Systemversagen),
- *Security* (Sicherheit im Sinne eines Schutzes des Systems vor Störeinflüssen aus der externen Umwelt).

Diese einzelnen Aspekte werden in den folgenden Abschnitten näher beleuchtet.

Funktionale Sicherheit (Safety)

Sicherheit ist die „Freiheit von unvertretbaren Risiken". Um dieses Ziel zu erreichen, muss in einer frühen Phase des Lebenszyklus eine Risikoanalyse (vgl. DIN EN 50126-1) durchgeführt werden. Hierbei werden die beiden Komponenten des Risikos (Häufigkeit und Schadensausmaß) bewertet. Am Ende wird im Sicherheitsnachweis bzw. im Technischen Sicherheitsbericht gezeigt, dass die in der Risikoanalyse ermittelten Zielwerte durch das realisierte System auch tatsächlich eingehalten werden (vgl. DIN EN 50129).

Security (Angriffssicherheit)

Das Datenübertragungssystem eine sichere, zeitgerechte und zugriffsgeschützte Übertragung von Informationen zwischen Fahrzeug und Strecke ermöglichen. Hierbei ist vor allem auch ein unberechtigter Zugriff oder eine Manipulation der Daten für die sichere Kommunikation zu verhindern. Daher werden CBTC-Systeme durch eine Security-Architektur gegen unberechtigte Zugriffe Dritter geschützt (z. B. durch Firewalls). Die Implementierung der Sicherheitsfunktion erfolgt auf Basis bewährter Standards wie der DIN EN 50159. So kommen beispielsweise Maßnahmen wie eine Verschlüsselung und Authentifizierung über Internet Protocol Security (IPsec) unter Verwendung von kryptografische Hash-Funktionen (bspw. HMAC-SHA-256) sowie zusätzliche Maßnahmen wie ein zyklischer Schlüsselaustausch zum Einsatz.

Verfügbarkeit

Die Verfügbarkeit automatisierter Zugbeeinflussungssysteme ist für ihren sicheren Betrieb essenziell. Hierbei ist der Begriff der Verfügbarkeit zentral. *Verfügbarkeit* bezeichnet „die Fähigkeit eines Produkts, in einem Zustand zu sein, in dem es unter vorgegebenen Bedingungen zu einem vorgegebenen Zeitpunkt oder während einer vorgegebenen Zeitspanne eine geforderte Funktion erfüllen kann unter der Voraussetzung, dass die geforderten äußeren Hilfsmittel bereitstehen." (DIN EN 50126-1 2018). Eine Maximierung der Verfügbarkeit lässt sich herunterbrechen auf zwei Teilziele:

- *Maximierung der mittleren Klarzeit* (engl.: mean up time, MUT): Zu diesem Zweck werden die Fahrzeug- und Streckeneinrichtungen entsprechend zuverlässig gestaltet. *Zuverlässigkeit* bezeichnet hierbei die „Wahrscheinlichkeit dafür, dass eine Einheit ihre geforderte Funktion unter gegebenen Bedingungen für eine gegebene Zeitspanne [...] erfüllen kann. Daher müssen die automatischen Zugbeeinflussungssysteme durch geeignete Redundanzkonzepte (fehlertolerante Systeme) der Fahrzeug- und Infrastruktureinrichtungen sicherstellen, dass es im Betrieb nur selten zu betriebsverhindernden Ausfällen Systemausfällen kommt. Fahrzeugseitig gibt es hierfür Ansätze einer sogenannten „Head-Tail-Redundanz", d. h. es gibt zwei Fahrzeugeinrichtungen in jedem Zug (eine an jedem Ende). Im Normalbetrieb ist eine Fahrzeugeinrichtung aktiv und die Fahrzeugeinrichtung am anderen Fahrzeugende ist passiv. Die passive Fahrzeugeinrichtung hat keine Kontrolle über den Zug, führt aber ein aktuelles Prozessabbild mit. Die aktive Fahrzeugeinrichtung ist nicht notwendigerweise diejenige am vorderen Ende des Zuges. Um die Ausfallsicherheit zu verbessern, ist das System mit einer automatischen, nahtlosen Umschaltung zwischen den beiden Fahrzeugeinrichtungen an Bord ausgestattet. Ähnliche Ansätze finden sich in der Infrastruktureinrichtung hinsichtlich des Einsatzes mehrkanaliger Architekturen (2 von 3). Für den Fall, dass ein Rechnerkanal ausfällt, sind nach wie vor zwei Rechnerkanäle für die Bearbeitung der sicherheitstechnischen Funktionen im Betrieb.

- *Minimierung der mittleren Ausfallzeit* (engl.: mean down time, MDT): Zu diesem Zweck werden die Zugsicherungsanlagen entsprechend instandhaltbar gestaltet. Hierbei bezeichnet Instandhaltbarkeit „die Wahrscheinlichkeit, dass für eine Komponente unter gegebenen Einsatzbedingungen eine bestimmte Instandhaltungsmaßnahme innerhalb einer festgelegten Zeitspanne ausgeführt werden kann". Die Instandhaltbarkeit wird unter anderem über geeignete Diagnosesysteme, das Vorhandensein entsprechender Tauschkomponenten, leistungsfähige Diagnosesysteme sowie entsprechend ausgebildetes Personal. unterstützt. In der Praxis werden hierbei möglichst kurze Zeiten zur Wiederherstellung der Betriebsfähigkeit des Systems nach Störungen erreicht.

6.2 Lebenszykluskosten

Investitionen in die Automatisierung von Stadtschnellbahnsystemen sind in der Regel mit einem hohen Investitionsvolumen verbunden. Gleichzeitig weisen diese Investitionsgüter eine hohe Lebensdauer auf. Falsche Entscheidungen zu Beginn des Lebenszyklus können daher nur schwer und wenn dann nur mit erheblichem Aufwand korrigiert werden. Aus diesem Grund hat sich in den letzten Jahrzehnten in der öffentlichen Beschaffung das Konzept der Lebenszykluskosten durchgesetzt (DIN IEC 60300-3-3). Demnach wird die über einen langfristigen Investitionszeitraum (beispielsweise 25 Jahre) insgesamt vorteilhafteste Investitionsalternative beschafft. Hierbei können zum Beispiel geringere Instandhaltungsaufwände in der Phase des Betriebs teilweise höhere initiale Beschaffungskosten kompensieren (Wolberg und Kiefer 2000). Hierbei weisen automatische Zugbeeinflussungssysteme im Vergleich zu konventionellen Bahnsystemen folgende Vorteile auf:

- *Reduzierte Anzahl Außenanlagenelemente der Streckeneinrichtung:* Durch die kontinuierliche Datenübertragung zwischen Fahrzeugen und Strecke kann auf einen Großteil der ortsfesten Sensorik zur Gleisfreimeldung verzichtet werden. Sofern nicht von der Zulassungsbehörde anders gefordert, können auch ortsfeste Signale vollständig entfallen, da nunmehr eine Führerstandssignalisierung mit einer entsprechend hohen Verfügbarkeit vorliegt. Die geringe Anzahl an Außenanlagenelementen resultiert neben geringen Anschaffungskosten auch in Einsparungen für die Instandhaltung.
- *Energieeinsparung:* Die kontinuierliche Datenübertragung zwischen Fahrzeug- und Streckeneinrichtung legt die Grundlage für die automatische Fahr- und Bremssteuerung (Automatic Train Operation, ATO). Hierdurch gelingt – sofern die Betriebssituation es zulässt – die Umsetzung einer energiesparenden Fahrweise mit Einsparung entsprechender Kosten für die Traktionsenergie.
- *Zusätzliche Fahrgeldeinnahmen:* Die dichtere Zugfolge führt zu einer Steigerung der Attraktivität des öffentlichen Personennahverkehrs. Zusätzliche Fahrgäste bedeuten mehr Umsatz für die Verkehrsunternehmen.

6.3 Leistungsfähigkeit

Automatisierte Zugbeeinflussungssysteme führen zu einer erhöhten Leistungsfähigkeit der Strecke. Gerade in Stadtschnellbahnsystemen sind die zentralen Streckenbereiche, in denen sich mehrere Linien überlagern, in der Regel die neuralgischen Punkte, die mit konventionellen Systemen oftmals an der Grenze ihrer rechnerischen Kapazität operieren und daher bereits bei geringen Störungen zu erheblichen Verspätungen im Betriebsablauf führen. Die folgenden Faktoren führen zu einer höheren Leistungsfähigkeit:

- Die kontinuierliche Überwachung der Geschwindigkeitsvorgaben führt zu verkürzten Durchrutschwegen. Fahrwege von Zügen werden also nach Verlassen einer Station frühzeitig wieder für den Folgezug freigegeben.
- Die kontinuierliche Freimeldung des Fahrwegabschnitts hinter dem fahrenden Zug ermöglicht die Abkehr vom Fahren im festen Raumabstand und die Umsetzung des Fahrens im wandernden (absoluten) Bremswegabstand mit entsprechenden verkürzten Zugfolgezeiten.

Ausblick 7

Viele Städte haben in den letzten Jahren bereits neue Systeme mit kommunikationsbasierten Zugsicherungssystemen in Betrieb genommen. In Nürnberg blickt der Betreiber inzwischen fast zehn Jahre Betriebserfahrung mit einem fahrerlosen System zurück. In Wien haben die Arbeiten für die Einführung einer fahrerlosen U-Bahn Linie (U5) begonnen. Weitere Betreiber im deutschsprachigen Raum befassen sich konkret mit der Systemauswahl und bereiten Ersatzinvestitionen in ihren Netzen vor. CBTC-Systeme werden daher in absehbarer Zukunft in Deutschland zum Einsatz kommen. Allerdings sind die Lösungen bislang ausschließlich proprietär – eine Interoperabilität verschiedener herstellerspezifischer Lösungen ist bislang noch nicht erreicht worden. Auch muss für jede spezifische Anlage die geeignete Strategie zum Umbau „unter rollendem Rad" entwickelt werden.

Aktuell ist die *Interoperabilität* der verschiedenen herstellerspezifischen Lösungen hochautomatisierter Zugbeeinflussungssysteme im Nahverkehr nicht gegeben. Es ist demnach nicht möglich, dass im Netz eines Betreibers mit Systemen eines Herstellers mit der Streckeneinrichtung eines anderen Herstellers interagieren. Durch die große Heterogenität von Nahverkehrssystemen zeichnet sich – den Bemühungen einiger ausgewählter Betreiber großer U-Bahn-Systeme zum Trotz – nicht ab, dass sich an diesem Zustand in absehbarer Zukunft etwas ändern wird. Damit sind die Betreiber mit ihrer Investitionsentscheidung an einen Hersteller gebunden.

Die richtige Wahl der *Migrationsstrategie* ist einer der wichtigsten Erfolgsfaktoren für Umbauprojekte in bestehenden Schienenverkehrssystemen (Arpaci und Schwarte 2013). Es gibt viele Aspekte, welche zu beachten sind. Die Entscheidung wird dadurch erschwert, dass die gewählte Migrationsstrategie einen

© Springer Fachmedien Wiesbaden GmbH, ein Teil von Springer Nature 2019
L. Schnieder, *Automatisierung im schienengebundenen Nahverkehr,* essentials,
https://doi.org/10.1007/978-3-658-25536-7_7

enormen Kosteneffekt hat. Es gelten die folgenden Ziele für die Wahl der geeigneten Migrationsstrategie:

- minimale Auswirkungen auf den Passagierbetrieb,
- Minimierung technischer und betrieblicher Risiken während der Migrationsphase,
- Minimierung der Kosten bspw. für die Doppelausrüstung von Fahrzeugen oder Infrastruktur,
- möglichst kurze Projektdauer,
- Minimierung der Ausrüstung, um weniger Instandhaltungsaufwand zu haben.

Was Sie aus diesem *essential* mitnehmen können

- Eine Darstellung der sicherungstechnischen Grundfunktionen hochautomatisierender Systemlösungen für den schienengebundenen Nahverkehr
- Eine Darstellung der Automatisierungsgrade hochautomatisierender Systemlösungen für den schienengebundenen Nahverkehr
- Merkmale und Größen zur Messung der Leistungsfähigkeit (Performance) hochautomatisierender Systemlösungen für den schienengebundenen Nahverkehr

© Springer Fachmedien Wiesbaden GmbH, ein Teil von Springer Nature 2019   43
L. Schnieder, *Automatisierung im schienengebundenen Nahverkehr*, essentials,
https://doi.org/10.1007/978-3-658-25536-7

Literatur

Arpaci, Melih und Andreas Schwarte. 2013. Refurbishment of metro and commuter railways with CBTC to realize driverless systems. *Signal + Draht* 105 (7+8): 42–47.

Brückner, Detlef. 2017. Lösungen für das automatisierte Fahren im Nahverkehr. *Signal + Draht* 109 (6): 6–11.

DIN EN 50126-1:2018-10: Bahnanwendungen – Spezifikation und Nachweis von Zuverlässigkeit, Verfügbarkeit, Instandhaltbarkeit und Sicherheit (RAMS) – Teil 1: Generischer RAMS-Prozess; Deutsche Fassung EN 50126-1:2017.

DIN EN 50129:2003-12: Bahnanwendungen – Telekommunikationstechnik, Signaltechnik und Datenverarbeitungssysteme – Sicherheitsrelevante elektronische Systeme für Signaltechnik; Deutsche Fassung EN 50129:2003.

DIN IEC 60300-3-3:1999-03 Zuverlässigkeitsmanagement – Teil 3: Anwendungsleitfaden – Hauptabschnitt 3: Betrachtung der Lebenszykluskosten (IEC 60300-3-3:1996).

Dombrowsky, Herbert, Rainer Müller, Andreas May und Elisabeth Seitzinger. 2008. Premiere für Deutschlands erste automatisierte U-Bahn. *Der Nahverkehr* 5:8–16.

Haspel, Ulrich und Rüdiger vom Hövel. 2001. Risikobeherrschung nach CENELEC bei der fahrerlosen Metro Kopenhagen. *Eisenbahntechnische Rundschau* 50 (7/8): 418–426.

IEC 62290-1:2014 Railway applications – Urban guided transport management and command/control systems – Part 1: System principles and fundamental concepts.

IEEE 1474.1-2004 – IEEE Standard for Communications-Based Train Control (CBTC) Performance and Functional Requirements.

Krimmling, Jürgen. 2017. *Ampelsteuerung – Warum die grüne Welle nicht immer funktioniert*. Berlin: Springer.

Maschek, Ulrich. 2018. *Sicherung des Schienenverkehrs – Grundlagen und Planung der Leit- und Sicherungstechnik*. Wiesbaden: Springer Vieweg.

May, Andreas, Thomas Luber, und Bernd Meier-Alt. 2012. Aktuelle Entwicklungen im Nürnberger U-Bahn-System. *Eisenbahntechnische Rundschau* 61 (1+2): 40–48.

Müller, Rainer, und Konrad Schmidt. 2003. Eine automatische U-Bahn Technische Besonderheiten der AGT-Fahrzeuge für Nürnberg. *Eisenbahntechnische Rundschau* 52 (11): 679–685.

Pachl, Jörn. 2016. *Systemtechnik des Schienenverkehrs – Bahnbetrieb planen, steuern und sichern*. Wiesbaden: Springer Vieweg.

© Springer Fachmedien Wiesbaden GmbH, ein Teil von Springer Nature 2019

L. Schnieder, *Automatisierung im schienengebundenen Nahverkehr*, essentials,

https://doi.org/10.1007/978-3-658-25536-7

Rahn, Karsten. 2011. Green Mobility – Effiziente Zugbeeinflussung mit CBTC-Systemen. *Signal + Draht* 103 (10): 26–29.

Ritter, Norbert. 2014. Signal- und Zugsicherungsanlagen für Nahverkehrsbahnen. *Signal + Draht* 106 (11): 15–25.

Rumsey, Allan. 2010. Semi-automatic, driverless and unattended operation of trains. *Signal + Draht* 102 (3): 43–46.

Verband Deutscher Verkehrsunternehmen. 1997. BOStrab-Richtlinien für den Fahrbetrieb ohne Fahrzeugführer (FoF), Entwurf. Januar 1997.

Verband Deutscher Verkehrsunternehmen. 2010. *Nachhaltiger Nachverkehr*, Bd. 1. Düsseldorf: Alba Fachverlag.

Wolberg, Jörg, und Jörg Kiefer. 2000. Life Cycle Costs – Die Kosten von Betrieb, Wartung und Verfügbarkeit. *Signal + Draht* 92 (6): 19–22.